La Mitrailleuse "Maxim"

—

COMBAT DE LA COMPAGNIE DE MITRAILLEUSES ALLEMANDE

(Traduit du règlement allemand)

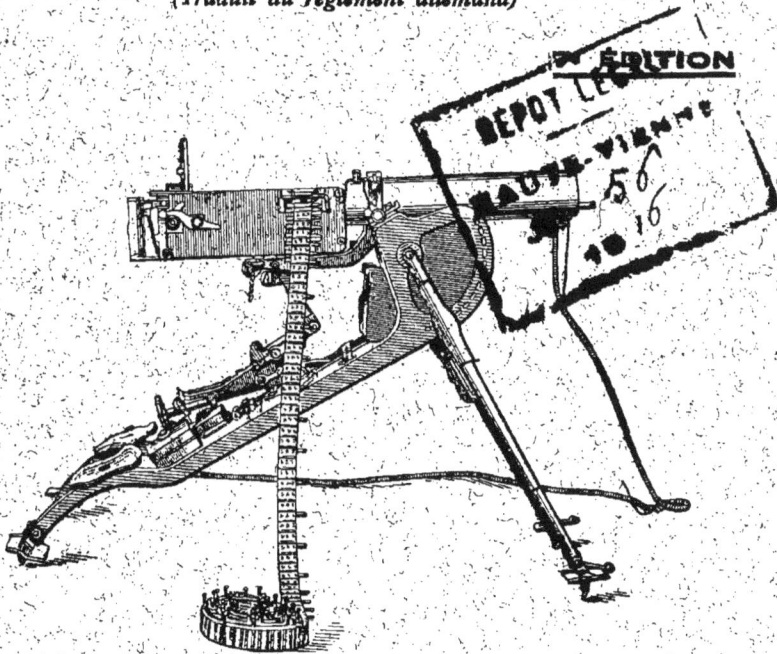

PARIS
Henri **CHARLES-LAVAUZELLE**
Éditeur militaire
124, Boulevard Saint-Germain, 124
—
MÊME MAISON A LIMOGES
—
1916

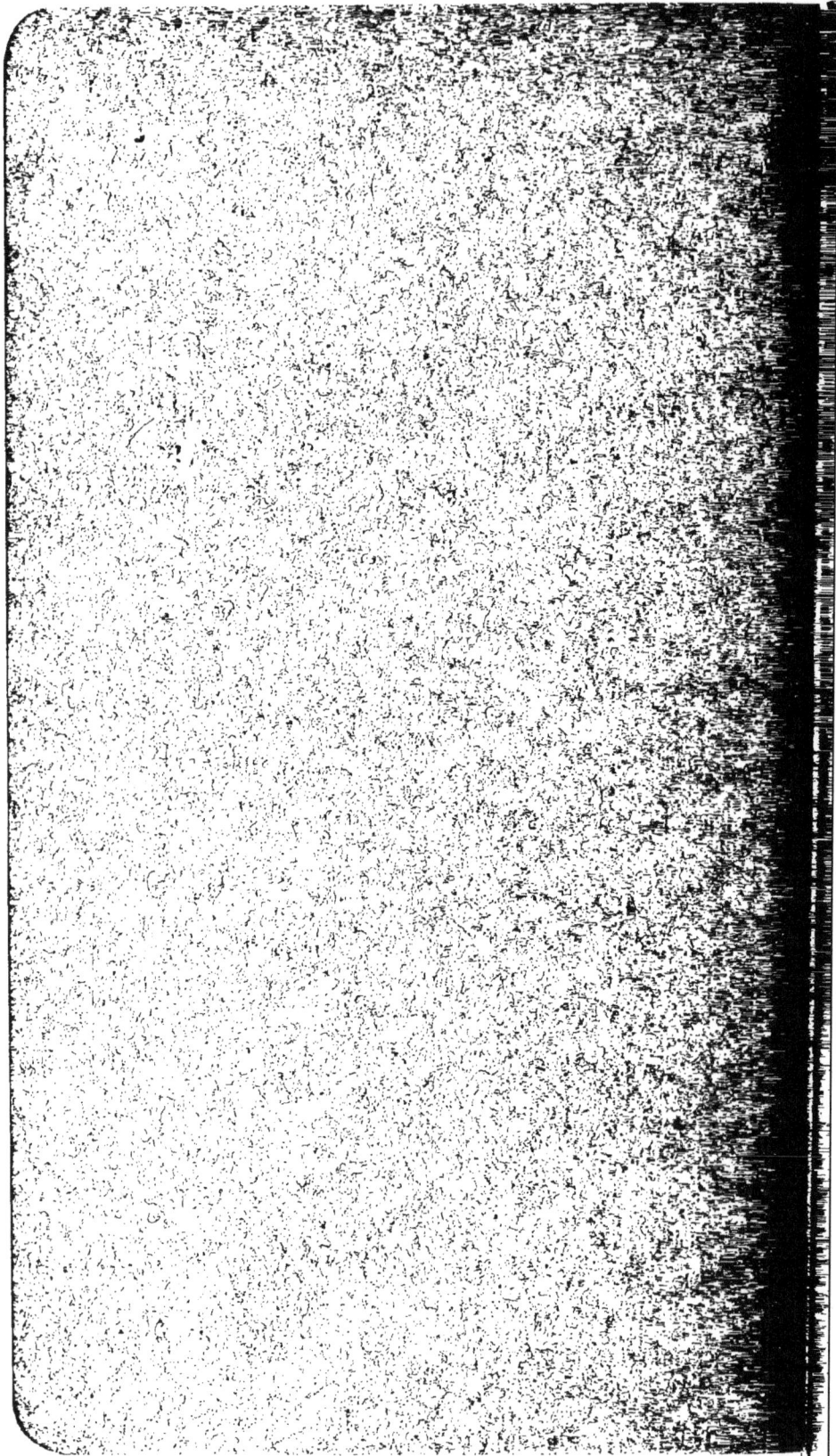

La Mitrailleuse "Maxim"

COMBAT DE LA COMPAGNIE DE MITRAILLEUSES ALLEMANDE

(Traduit du règlement allemand)

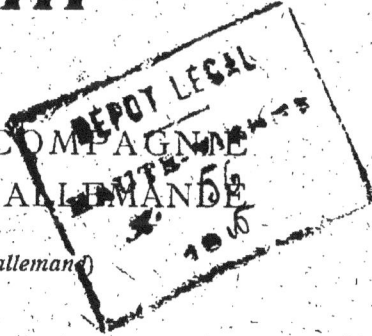

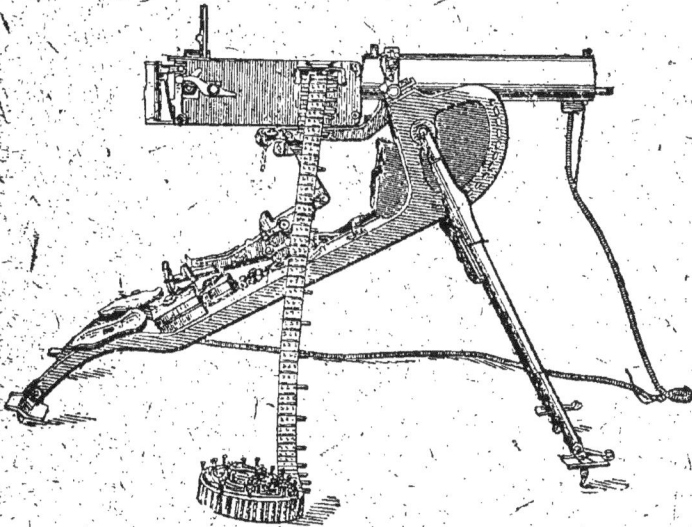

PARIS

HENRI CHARLES-LAVAUZELLE
Éditeur militaire
124, Boulevard Saint-Germain, 124

MÊME MAISON A LIMOGES

1916

PRÉFACE

Dès le début de la guerre actuelle, le rôle des mitrailleuses a pris une importance indiscutable. Les effets meurtriers de leur feu ont produit sur les combattants une impression telle que l'on a immédiatement cherché à tirer de part et d'autre le maximum de rendement de cette arme terrible.

Dès les premiers combats qui eurent lieu en Belgique, le public français attribua aux Allemands une supériorité numérique écrasante en mitrailleuses. Cette supériorité matérielle, bien qu'existante, n'était pas si considérable que l'on a bien voulu le dire (1). Mais où leur force était incontestable, c'était dans l'utilisation tactique de

---

(1) a) Abteilungen, *unités indépendantes comprenant trois sections (six pièces) mitrailleuses Maxim (28 kilogrammes). Tout le personnel à cheval ou sur voitures. 14.550 cartouches par pièce, 14 voitures, 130 hommes et 90 chevaux.*

b) *Une compagnie de mitrailleuses d'infanterie (Maschinen-gewehr-Kompagnie) par régiment à trois sections (six pièces) formant dans le régiment la 13e compagnie dont le personnel est prélevé sur les autres unités du corps. Mitrailleuse Maxim (modèle 1906, 16 kgr. 500), personnel à pied, 12.200 cartouches par pièce. 4 officiers, 15 sous-officiers, 83 hommes, bien spécialisés pendant toute la durée de leur service militaire (le personnel et le matériel sont montés sur les voitures), 33 chevaux. Depuis le commencement des hostilités, des compagnies et des groupes indépendants ont été constitués par un personnel prélevé sur les régiments (où tous les hommes aptes sont instruits comme mitrailleurs) et avec un matériel déjà existant en réserve dès le temps de paix. De plus, il faut bien l'avouer, la simplicité et la rusticité des mitrailleuses Maxim favorisent beaucoup la rapidité de la fabrication.*

leurs mitrailleuses et dans le rendement qu'ils en obtenaient au combat. Cet avantage militaire était le résultat de leur organisation raisonnée avant la guerre.

En France, l'unité adoptée était la section à deux pièces, théoriquement unité de régiment dépendant du colonel, pratiquement unité de bataillon sous les ordres du chef de bataillon.

La conception française sur les mitrailleuses était de les considérer comme renfort de feu. Souples et légères, occupant un espace insignifiant, n'ayant besoin pour s'abriter que d'un couvert très léger, les mitrailleuses étaient considérées comme particulièrement aptes à venir renforcer le feu des fractions déjà engagées. Chaque troupe appelée à agir par le feu devait donc disposer de quelques mitrailleuses groupées en unités très mobiles habituées à faire partie des corps de troupe et s'engageant au combat d'après les mêmes principes.

On lit, dans le règlement français sur les sections de mitrailleuses d'infanterie de 1913, cette phrase : « Le chef de section de mitrailleuses dispose habituellement de trois séances par semaine pour l'instruction technique de ses mitrailleurs. Ces séances sont prises en dehors de l'exercice principal de la journée (exercice uniquement consacré à l'instruction de l'infanterie proprement dite). Les mitrailleurs titulaires participent à tous les exercices : tir, service en campagne, etc., de la compagnie où ils sont en subsistance. » Les sections de mitrailleuses étaient, par suite, perdues dans la troupe, et leurs chefs éprouvaient toutes sortes de difficultés pour instruire méthodiquement leur personnel.

En Allemagne, les mitrailleuses étaient constituées en groupes indépendants et en compagnies de régiment de six pièces, fortement encadrées, sortes de corps d'élite spécialisés, ayant même un uniforme particulier. D'autre part, le commandement apportait à cette arme la plus grande importance et était très familiarisé avec son emploi tactique.

La conception allemande au sujet des mitrailleuses était celle-ci : « La caractéristique des mitrailleuses est de fournir pendant un laps de temps très court des feux nourris et concentrés. Elles sont particulièrement aptes aux actions brusques, violentes et de courtes durées. Leur puissance se trouve augmentée du fait qu'il est facile de réunir plusieurs pièces sur un espace restreint. D'autre part, les mitrailleuses trouvent leur emploi dans les moments décisifs. Il résulte de là que, pour produire leur effet maximum, les mitrailleuses doivent être mises en action durant certaines phases de la lutte seulement et sur certains emplacements. » Les mitrailleuses, envisagées comme réserve de feu, étaient donc adjointes par les Allemands aux réserves tactiques; elles constituaient, au même titre que ces dernières, des organes de commandement.

Dans la main de leurs chefs entraînés, les mitrailleuses étaient un puissant élément de combat pouvant se déplacer rapidement d'un point à un autre du champ de bataille suivant les circonstances.

En ce qui concerne l'instruction, le règlement de manœuvre allemand apporte la plus grande importance à la valeur militaire du personnel; on y lit : « La mission des groupes de mitrailleuses est de participer par leur feu à la lutte. L'essentiel pour eux, c'est de savoir bien tirer au moment opportun en occupant l'emplacement le plus favorable pour battre l'objectif le plus avantageux. Il faut pour cela connaître l'arme, avoir une troupe très mobile, des chefs ayant le sens tactique et des tireurs pleins d'initiative qui, dévoués corps et âme à l'Empereur et à la Patrie, s'efforcent encore de vaincre alors même qu'ils ont perdu leurs chefs. Les groupes de mitrailleurs ne seront utiles au combat que si les hommes sont habitués par des exercices très fréquents à utiliser le terrain, à choisir judicieusement leurs emplacements, à apprécier et à mesurer exactement les distances, à régler rapidement leur tir et s'ils connaissent les procédés tactiques des autres armes, particulièrement de l'infanterie, »

Ces phrases montrent nettement l'importance qu'on apportait, en Allemagne, à avoir un personnel, dans les compagnies de mitrailleuses, parfaitement instruit et spécialisé.

Or, il faut le reconnaître avec justice, le règlement allemand sur les mitrailleuses est très méthodique; appliqué d'une façon appropriée, c'est un guide pratique pour l'instruction des mitrailleuses.

La partie la plus importante, celle qui traite du combat, résume tout ce que doit connaître un chef de section et un commandant de compagnie de mitrailleuses.

En le connaissant bien, c'est encore la meilleure façon pour nous de combattre nos ennemis et de les vaincre en se servant des principes qu'ils ne cessent d'appliquer depuis le début de la guerre.

Ce volume contient :

1re partie : La description de la mitrailleuse Maxim. — Son fonctionnement. — La lunette Zeiss et son utilisation.

2e partie : Tir du groupe et de la compagnie de mitrailleuses. — Réglage, conduite et effets du feu.

3e partie : Combat du groupe et de la compagnie de mitrailleuses.

J. V. D. V.

LA MITRAILLEUSE MAXIM

La mitrailleuse Maxim est une arme automatique, dite à « court recul du canon », utilisant la force du recul (action indirecte des gaz).

Il existe trois parties fixes :

1° Le manchon réfrigérant;

2° La boîte de culasse;

3° Le bloc à poignées.

1° Le *manchon réfrigérant* est en tôle d'acier contenant 4 litres d'eau. Extérieurement, il comporte une ouverture de remplissage en haut et en arrière, une ouverture de vidange avec robinet en bas et en avant, une ouverture d'échappement de vapeur en bas et à gauche.

En haut et à gauche se trouve le guidon réglable. Quatre litres d'eau suffisent pour un tir de 2.500 cartouches. Si on ne renouvelle pas l'eau, le canon ne pourra supporter un tir de 300 cartouches en plus sans une usure complète.

L'étanchéité entre le canon et le manchon est imparfaitement solutionnée au moyen de la garniture en amiante suiffée placée à l'avant et à l'arrièr . Ces garnitures sont difficiles à faire et doivent être souvent renouvelées.

Après un tir de 500 cartouches, l'eau entre en ébullition et la vapeur décèle l'emplacement de la mitrailleuse. Pour remédier à cet inconvénient, on fixe à l'ouverture d'évacuation de la vapeur un tube en fil de cuivre souple dont on enterre l'autre extrémité.

Intérieurement, le manchon comporte à la partie supérieure un tube à vapeur vissé à ses deux extré-

VUE DE LA MITRAILLEUSE MAXIM

(Côté droit extérieur, partie filetée côté gauche.)

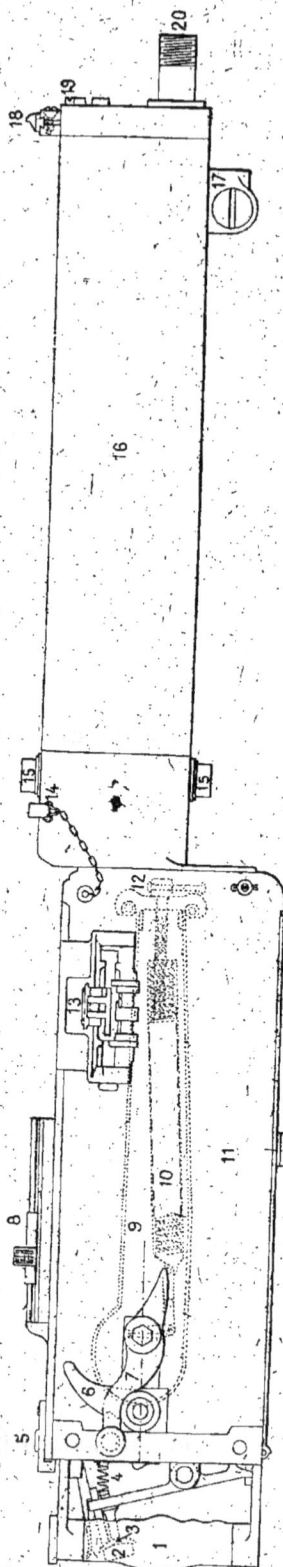

LÉGENDE

1. Bloc à poignées.
2. Détentes.
3. Linguet de sûreté.
4. Ressort de détente.
5. Dispositif pour la lunette Zeiss.
6. Déclic du levier d'armement.
7. Levier d'armement.
8. Hausse.
9. Carter du ressort récupérateur.
10. Ressort récupérateur.
11. Culasse (Boîte de la).
12. Tendeur du ressort récupérateur.
13. Bloc d'alimentation.
14. Trou de remplissage d'eau.
15. Tenons de fixation sur le berceau.
16. Manchon réfrigérant.
17. Trou de vidange avec robinet.
18. Guidon réglable.
19. Tube à vapeur.
20. Canon avec extrémité filetée.

mités, qui permet à la mitrailleuse de tirer sous de grands angles. Ce tube porte une ouverture à l'arrière, une à l'avant et une troisième oblique tout à fait à son extrémité (dans le filetage) et communiquant avec l'ouverture d'échappement.

Sur ce tube, un deuxième tube, formant valve coulissante, obstrue soit le trou arrière, soit le trou avant du tube principal suivant l'angle donné à la pièce et permet ainsi à la vapeur de s'échapper par le trou qui se trouve le plus élevé.

2° *Boîte de culasse.* — La boîte de culasse comprend :

1° Le couvercle, sur lequel est fixée la hausse graduée de 400 à 2.000 mètres. Les divisions sont de 100 en 100 mètres. A partir de 700 mètres, il existe des divisions de 50 en 50 mètres graduées par de petits traits. Les numéros pairs sont à droite, les numéros impairs à gauche de la planche. Le curseur de la hausse est à deux poussoirs avec cran de mire à gauche;

2° Les ressorts d'appui des cornes du transporteur;

3° Le taquet ou talon d'appui du bloc de culasse, pris sur l'extrémité de la chape de pivotement du pied de la hausse.

— Flasque gauche, comprend :

1° En arrière et en haut, un dispositif de lunette Zeiss;

2° Deux boutons de fixation du carter du récupérateur;

3° Une plaquette à coulisse portant le bouton postérieur de fixation du carter du récupérateur.

Flasque droit, comprend :

1° En arrière, une plaquette à coulisse portant le galet et le déclic de fixation du levier d'armement.

VUE DE LA MITRAILLEUSE MAXIM

(Intérieur, côté droit.)

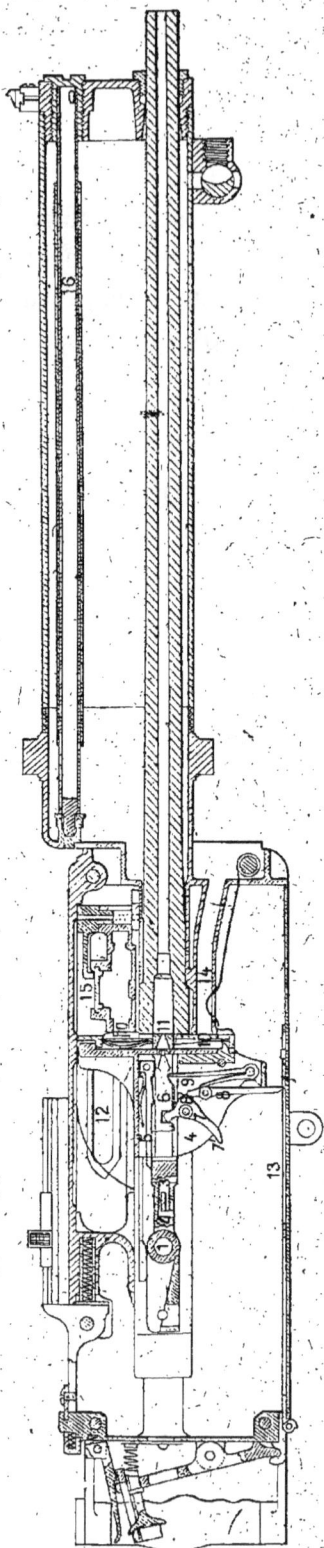

LÉGENDE

1. Vilbrequin.
2. Ecrou de la bielle.
3. Bielle.
4. Culasse.
5. Gâchette de sûreté et son ressort.
6. Perculeur.
7. La noix.
7'. Queue de la noix.
8. Gâchette de tir.
8'. Cran de l'armée.
9. Ressort de percussion.
10. Transporteur.
11. Chambre du canon.
12. Cames de guidage.
13. Barrette de détente.
14. Tube d'éjection.
15. Bloc d'alimentation.
16. Tube vapeur.

Ces plaquettes à coulisse ferment l'arrière des mortaises où coulissent les coussinets carrés des plaques de recul;

À l'avant, les flasques sont entaillées par la mortaise de logement du bloc d'alimentation.

À l'intérieur des flasques, on remarque :

1° Deux cames polygonales guides du transporteur;

2° Des tenons-guides des plaques de recul du canon;

3° Le tube guide-canon;

4° Le tube d'éjection et son ressort guide-étui.

Plaque inférieure, comprend :

À l'avant, le bouton guide de la barrette de détente.

3° *Bloc à poignées*. — Fixé par deux clavettes à ressorts sur la boîte de culasse, il supporte la détente, levier articulé sur son centre et sur lequel vient s'articuler la barrette. Un linguet de sûreté à manette quadrillée crochette la détente automatiquement; il s'actionne de gauche à droite. La détente s'actionne en poussant avec le pouce. Les poignées du bloc sont creuses (et contiennent de l'huile).

Parties mobiles.

Canon. — Semblable à un canon de fusil, mais il porte à l'arrière un renfort quadrangulaire du tonnerre avec bague en bronze et deux tourillons; sur la face postérieure, il existe deux nervures destinées aux glissières du transporteur; à l'avant, une partie filetée destinée par la suite à adapter un renforceur de recul. Enfin, les garnitures d'amiante suiffée (joints). Le canon est recouvert d'une couche de cuivre par électrolyse pour éviter la rouille. Le canon est à quatre rayures.

PROJECTION DE LA MITRAILLEUSE MAXIM

(Couvercle supérieur et intérieur.)

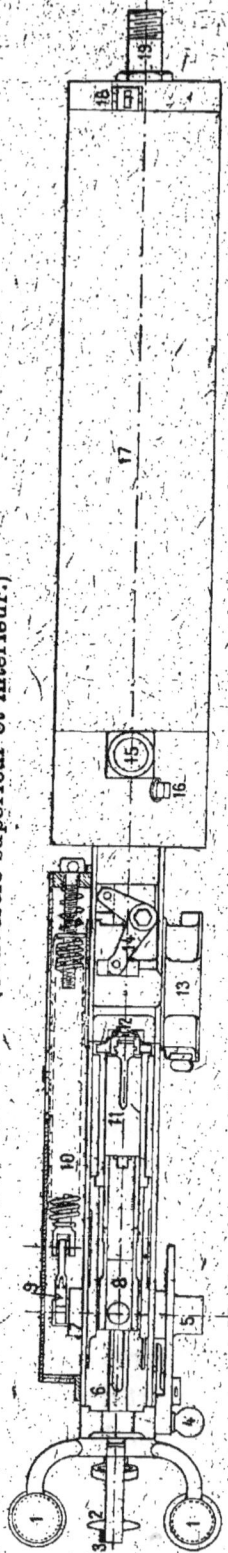

LÉGENDE

1. Poignées (intérieur, récipients à huile).
2. Détentes.
3. Linguet de sûreté.
4. Bouton du levier d'armement.
5. Axe du levier d'armement.
6. Couvercle supérieur de la boîte de culasse.
7. Dispositif pour lunette Zeiss.
8. Hausse.
9. Chaînons d'enroulement.
10. Ressort récupérateur.
11. Bloc de culasse.
12. Transporteur.
13. Bloc d'alimentation.
14. Coulisseau du bloc d'alimentation.
15. Tenons d'attache sur le berceau.
16. Trou de remplissage.
17. Manchon réfrigérant.
18. Guidon réglable.
19. Canon avec extrémité filetée.

Plaques de recul. — Sont montées sur les tourillons du canon. On y remarque les coulisseaux d'appui et, sur le côté gauche, le crochet d'attache du récupérateur avec chaînons et circulaire d'enroulement; sur le côté droit, le levier d'armement. Entre les deux plaques de recul est monté le vilebrequin.

Vilebrequin. — C'est la pièce de fermeture. Il est monté à tourillons sur les plaques de recul et se termine à droite par le levier d'armement et à gauche par le crochet du récupérateur. Sur le maneton du vilebrequin, une bielle de fixation à douille où sont ménagés des filets interrompus pour le démontage de la chape à levier du bloc de culasse.

Bloc de culasse. — Assure la traction, le chargement, la fermeture, la percussion, l'extraction et l'éjection.

Extérieurement, la carcasse, qui comprend :

1° La chape à levier;

2° Les leviers du transporteur.

Intérieurement, le mécanisme de percussion comprend :

1° Le percuteur;

2° Le ressort de percussion;

3° La noix;

4° La gâchette de tir;

5° La gâchette de sûreté.

La noix, qui sert à armer le percuteur, comprend : la tête, qui pénètre dans le percuteur; le cran de l'armé, qui reçoit le bec de la gâchette de tir; la queue, qui fait saillie au-dessous de la chape à leviers et sert à l'armé.

La gâchette de tir, dont l'extrémité supérieure pénètre dans le cran de la noix, et la queue, actionnée

CULASSE MOBILE DE LA

Elévation

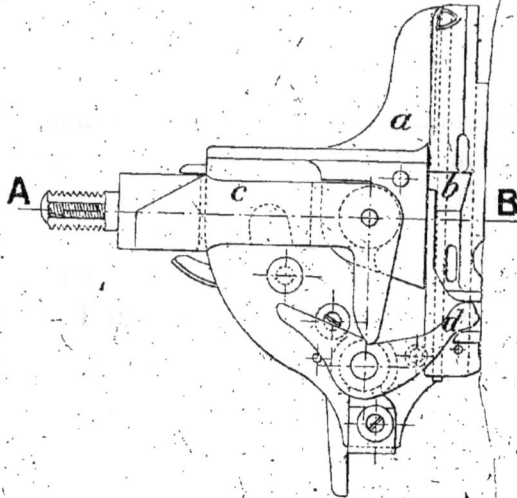

A   B

Coupe AB

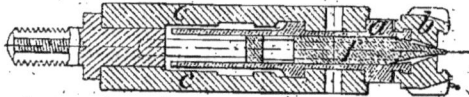

NOMENCLATURE DES PIÈCES :

a. Corps de la culasse.
b. Transporteur.
c. Chape à leviers.
d. Leviers du transporteur.
e. Noix.
f. Percuteur.

g. Gâchette de sûreté.
h. Ressort de gâchette.
i. Gâchette de tir.
j. Ressort de percussion.
k. Arrêt de cartouche.

MITRAILLEUSE MAXIM

Coupe C D
du transporteur
(Intérieur)

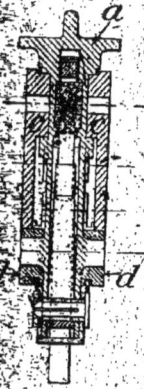

(Culasse désarmée)

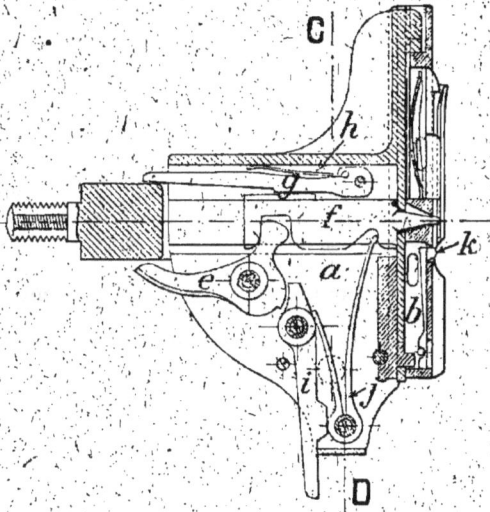

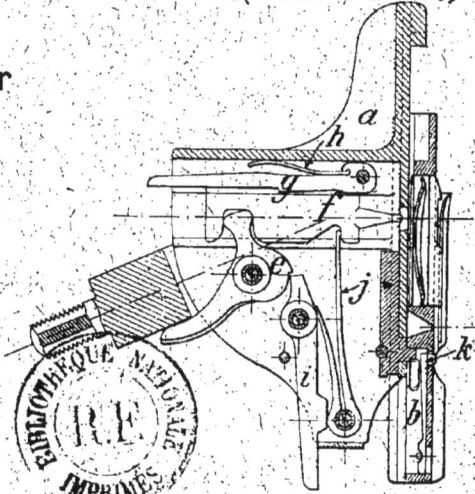

C

D

Vue d'avant
du transporteur

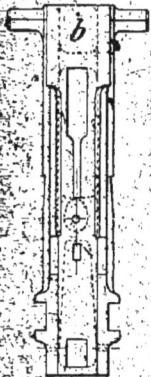

(Culasse armée)

Maxim.

1.

par la barrette de détente, sert au départ du premier coup.

La gâchette de sûreté, dont l'extrémité fait saillie au-dessus de la chape à leviers, assure le départ du coup dans le tir automatique.

La branche postérieure du ressort de percussion forme ressort pour la gâchette de tir.

Nota. — Dans le tir de démarrage (premier coup) la gâchette de sûreté est dégagée par l'arc-boutement de la chape à leviers et c'est l'action sur la gâchette de tir, par l'intermédiaire de la détente et de la barrette, qui détermine la percussion. Au-contraire, dans le tir continu, la détente étant continuellement poussée, la barrette se trouve maintenue à sa position arrière et la gâchette de sûreté se trouve dégagée à chaque mouvement en avant de la culasse. Le percuteur est encore retenu par la gâchette de tir qui détermine la percussion à la fin du verrouillage. Le fonctionnement de ce dispositif est obtenu par un léger retard du cran de l'armé de la gâchette de sûreté sur le cran de l'armé de la gâchette de tir au moment de l'armé.

Transporteur. — On y remarque les cornes qui s'appuient et coulissent sur les cames polygonales, les rainures-guides de fixation de la cartouche et de l'étui avec taquet d'arrêt à ressorts, le trou pour le passage du percuteur, les tenons des leviers, les encoches où viennent se loger les ressorts d'appui fixés sur les plaques de recul au moment de la fermeture.

Pièces indépendantes.

Bloc d'alimentation. — C'est un couloir où la bande chargeur s'introduit par la droite. A l'intérieur, des mortaises et des épaulements forment guide pour la bande, la balle et l'étui. A la partie supérieure, un coulisseau de manœuvre actionné par un levier à deux bras.

Le bras supérieur pénètre dans le coulisseau, le bras inférieur dans une mortaise ménagée sur la plaque de recul gauche, d'où transformation du mouvement longitudinal en mouvement transversal. Le bloc est muni d'un cliquet avec poussoir de débrayage pour empêcher le recul de la bande.

Ressort récupérateur. — Monté sur une vis de tension réglable se déplaçant dans un écrou servant d'appui à une extrémité du ressort où il est soudé. Sur le carter se trouve une échelle de tension du ressort.

Fonctionnement.

L'arme étant chargée, le tireur dégage le linguet de sûreté avec le pouce gauche, en agissant sur celui-ci de gauche à droite, et appuie sur la détente. Celle-ci oblige la barrette de détente à se porter en arrière grâce au levier de détente. La gâchette de tir suit également le mouvement. La noix, n'étant plus retenue par la gâchette de tir, bascule et le percuteur, libéré, se porte en avant.

Le coup part.

1° OUVERTURE.

Sous l'action indirecte des gaz, toutes les parties mobiles reculent (bloc de culasse, plaques de recul et canon). Le ressort récupérateur se tend jusqu'à ce que la rampe de la queue du levier d'armement vienne porter sur le galet. Le levier pivote d'arrière en avant, agit sur le récupérateur en enroulant les chaînons et la séparation du bloc de culasse et du canon (déverrouillage) se produit par basculage de haut en bas du vilebrequin. En s'abaissant à fond, la chape à leviers a armé le mécanisme de percussion (action de la chape sur la queue de la noix). Simultanément se produisent : traction de la nouvelle cartouche et extraction de la douille par le transporteur.

Alimentation.

En reculant, la plaque de recul gauche agit sur le bras du coulisseau, qui déplace celui-ci de gauche à droite; les griffes du cliquet se compriment en franchissant la cartouche et viennent la saisir une fois franchie. Dans le mouvement inverse (en avant) de la plaque de recul gauche le bras du coulisseau se déplace de droite à gauche et les griffes du cliquet poussent la cartouche devant le transporteur.

1er temps d'ouverture et de recul du canon :

a) Traction d'une cartouche;

b) Prise par les griffes du cliquet d'une nouvelle cartouche.

2e temps : fermeture, mouvement en avant du canon :

a) Translation de droite à gauche de la cartouche qui est saisie à ce moment-là par le transporteur.

2° FERMETURE.

Quand le transporteur arrive à l'extrémité postérieure des cames polygonales, il tombe en partie par son propre poids et en partie sous l'action des ressorts fixés sous le couvercle. A ce moment, le canon est revenu à sa place. La douille, par suite de la chute du transporteur, est passée en position inférieure en face du tube d'éjection. La cartouche est passée en position médiane en face de la chambre. Le mouvement en avant du bloc de culasse assure donc l'éjection et le chargement.

La culasse revient en avant parce que la bielle et la chape à leviers tendent à revenir à la position horizontale sous l'action du ressort récupérateur. Cette force est transmise par l'intermédiaire de la circulaire d'enroulement et des chaînons. Dans ce mouvement, la chape agit sur les leviers du transporteur et leur imprime un mouvement de bas en haut. La douille abandonne sa position de percussion en glissant jusqu'au bout des rainures-guides du transporteur et reste prise dans le couloir d'éjection. La cartouche abandonne par coulissement la position de traction et vient se placer en face de l'orifice de percussion. Quand la chape à leviers devient complètement horizontale, elle vient agir sur la gâchette de sûreté. Celle-ci, soulevée, libère le percuteur, qui, dégagé de son cran, se porte en avant, et le coup part de nouveau.

Tant que le tireur appuiera sur la détente, le tir automatique continuera.

Chargement de la mitrailleuse Maxim.

1° Armer le levier d'armement, le maintenir à sa position avant.

2° Engager la bande dans le couloir d'alimentation par le linguet en cuivre jusqu'au déclic.

3° Abandonner le levier d'armement (ce qui fait saisir une cartouche par le transporteur).

4° Armer une seconde fois le levier d'armement, le maintenir à sa position avant, tirer de nouveau sur la bande de droite à gauche jusqu'au déclic.

(Une nouvelle cartouche vient se présenter devant le transporteur.)

5° Abandonner le levier d'armement.

(La culasse, en se reportant en avant, amène une cartouche dans la chambre et fait reprendre une nouvelle cartouche par le transporteur.)

La pièce est armée et prête à tirer.

Démontage de la mitrailleuse Maxim.

1° Ouvrir le couvercle de la boîte de culasse en agissant sur le poussoir vers l'avant.

2° Enlever le bloc d'alimentation en le soulevant.

3° Enlever la culasse mobile. (Ramener le levier d'armement à la position avant, le maintenir à cette position, soulever la culasse mobile, la faire pivoter sur la bielle en laissant le levier d'armement revenir en arrière et l'enlever.)

4° Enlever la clavette supérieure du bloc à poignées et faire basculer en arrière le bloc à poignées.

5° Enlever les deux plaquettes à coulisses (droite et gauche).

6° Enlever le carter et le ressort récupérateur en agissant avec la main gauche sur le ressort qui se trouve sous le carter, pousser le tout en avant pour le dégager de ses tenons.

7° Tirer à soi le vilebrequin, les plaques de recul et le canon, le tout faisant corps (avoir soin de ramener préalablement le levier d'armement en arrière pour empêcher la bielle de se coincer sur la partie inférieure de la boîte de culasse. Dégager les plaques de recul du canon en les écartant latéralement des tourillons.

8° Enlever la clavette inférieure du bloc à poignées, dégager la barrette de tir de son bouton de fixation et tirer à soi le bloc à poignées.

Nota. — On ne démonte que très rarement le bloc à poignées, le bloc d'alimentation, la hausse, le bloc de culasse et le transporteur.

Tension du ressort récupérateur.

Le ressort récupérateur de la mitrailleuse Maxim se tend et se détend à l'aide d'une vis réglable placée à l'extrémité du carter. L'échelle de tension varie des chiffres 0 à 70. Les dizaines sont inscrites, et des traits intermédiaires marquent les unités. Pour tendre le ressort, tourner la vis réglable de droite à gauche (vers l'intérieur); pour détendre, tourner la vis réglable de gauche à droite (vers l'extérieur); quinze tours de la vis correspondent à dix traits de l'échelle.

Une mitrailleuse en bon état fonctionne avec un ressort récupérateur dont le repère se trouve entre 30 et 40.

Au fur et à mesure que la pièce dénote un peu d'usure, il est nécessaire d'augmenter la tension du ressort.

Incidents de tir.

INDICATION.	CAUSES.	REMÈDES.
I. — Le levier d'armement se porte de 90° en avant et s'arrête.	Ressort récupérateur trop fort. Manque d'huile. Mauvaise qualité des cartouches.	Ramener le levier d'armement complètement en avant, enlever la bande de cartouches du bloc d'alimentation. Diminuer la charge du ressort récupérateur. Huiler les coussinets et le bloc de culasse. Changer la bande de cartouches.
II. — Le levier d'armement, après être venu complètement en avant, s'arrête à 45° en revenant en arrière.	Corps étranger dans la chambre. Rupture d'étui.	Soulever le couvercle, appuyer sur le transporteur de haut en bas pour le mettre en place sur les glissières. Armer la pièce. Retirer et inspecter le bloc de culasse et les cartouches en prise par le transporteur. Inspecter l'entrée de la chambre. Donner un coup d'écouvillon dans le canon. Dans le cas de rupture d'étui, se servir de l'arrache-douille pour l'enlever.
III. — Le levier d'armement, après être revenu en arrière, n'arrive pas au contact absolu sur le déclic.	Ressort récupérateur trop faible. Manque d'huile. mécanisme de fermeture usagé. Manque d'alimentation. Corps étranger dans la boîte de culasse.	Lâcher immédiatement la détente. Avoir soin de ne pas ouvrir le couvercle. Donner un coup sec avec la main sur le levier d'armement pour le forcer à prendre sa place. Continuer le tir. Augmenter la force du ressort récupérateur. Huiler la pièce. Remplacer le bloc de culasse. Si l'arrêt provient du manque d'alimentation des cartouches, s'assurer que le coulisseau du bloc d'alimentation fonctionne bien. Inspecter les cartouches pour voir si elles se présentent normale.

IV. — Le levier d'armement est à la fermeture, difficultés pour faire partir le coup; si le coup part, le levier, après s'être légèrement relevé, retombe aussitôt.	Raté de percussion. Mauvaises munitions. Percuteur cassé. Faiblesse du ressort de percussion.	ment devant le transporteur (usure de la bande en toile), changer la bande. En cas d'usure du mécanisme de fermeture, le jeu entre le transporteur et la tranche postérieure, du canon se trouve exagéré. Supprimer, ou tout au moins atténuer, ce jeu en introduisant, entre la tranche postérieure d'écrou de la bielle et la tranche antérieure du ressaut de la bielle, une ou deux rondelles spéciales. (Voir *trousse de rechanges.*) Armer la pièce, tirer la bande vers la gauche, éjecter la mauvaise cartouche. Examiner le bloc de culasse, remplacer le percuteur si ce dernier est cassé, changer le ressort de percussion, ou mieux remplacer la culasse complète pour ne pas retarder le tir.

Entretien et nettoyage de la pièce.

Pour entretenir la mitrailleuse, employer le pétrole et l'huile minérale (valvôline); proscrire d'une façon absolue la toile émeri ou le papier de verre.

AVANT LE TIR.

Remplir le manchon réfrigérant d'eau. Huiler la partie postérieure du canon, les plaques de recul, les glissières de la boîte de culasse, le bloc de culasse, extérieurement et intérieurement, ainsi que le transporteur.

Huiler également le vilebrequin, l'axe du galet et celui du déclic, la barrette de détente et les axes de détente.

PENDANT LE TIR.

Huiler de temps en temps l'intérieur de la boîte de culasse et la culasse, s'assurer qu'il y a toujours assez d'eau dans le manchon réfrigérant.

Au bout de 1.500 coups, nettoyer rapidement l'intérieur de la boîte de culasse, le bloc de culasse, particulièrement les coulisses guides-cartouches qui saisissent les cartouches sur la bande par leurs bourrelets, le passage du percuteur; en vérifier la saillie en désarmant la culasse.

Donner un coup de baguette à écouvillon dans le canon. Si l'on ne peut pas le donner de la bouche vers l'intérieur, pour ne pas faire tomber de débris de poudre dans la boîte de culasse, soulever le couvercle, enlever la culasse mobile, renverser le bloc à poignées et donner le coup de baguette.

Pour inspecter le canon sans regarder par la bouche, de crainte d'accident, découvrir la fenêtre circulaire qui se trouve sur la face postérieure du bloc de poignées, et, après avoir enlevé la culasse mobile, regarder l'intérieur du canon. (Un passage est pratiqué dans l'axe de la bielle à cet effet.)

NOTA. — En huilant beaucoup la pièce, on risque le petit inconvénient d'avoir, avec l'échauffement de la mitrailleuse, un léger dégagement de fumée produit par l'évaporation de l'huile surchauffée. En revanche, la pièce fonctionne mieux, l'usure des pièces est insignifiante et le nettoyage est bien plus facile (les crasses de poudre formant comme une pâte et non des crasses dures difficiles à enlever).

APRÈS LE TIR.

Vider le manchon réfrigérant. Nettoyer la valve coulissante du tube-vapeur en la frottant avec un linge sec si l'eau dont on s'est servi n'était pas très propre. Se servir d'une curette en bois tendre pour nettoyer les pièces encrassées. Essuyer les parties polies de la mitrailleuse d'abord avec un linge sec, les imbiber de pétrole si elles ont été rouillées, les essuyer soigneusement ensuite, et huiler. Les parties bronzées doivent être essuyées avec un linge sec d'abord, puis graissées ou huilées.

L'intérieur du canon doit être nettoyé avec la baguette à écouvillon et graissé ensuite.

Visite rapide de l'arme.

MANCHON RÉFRIGÉRANT.

S'assurer qu'il n'a pas reçu de chocs pouvant déterminer des fuites d'eau, voir le bon état des bouchons filetés et du guidon réglable.

TUBE-VAPEUR.

Le dévisser, s'assurer du libre jeu du tube fixe et mobile, de l'état du filetage des extrémités du tube-vapeur.

BOITE DE CULASSE.

S'assurer du bon fonctionnement du poussoir qui permet de soulever le couvercle, s'assurer que la hausse n'est pas faussée (cas fréquent), que le curseur fonctionne librement, que le ressort de curseur est assez puissant. Sur le flasque droit, s'assurer que le galet du déclic du levier d'armement est en bon état; sur le flasque gauche, contrôler le bon état des boutons d'attache du carter du ressort récupérateur.

Intérieur de la boîte de culasse.

Vérifier l'état des cames polygonales du guidage du transporteur, des deux nervures d'appui des plaques de recul du canon; s'assurer que le tube guide-canon n'a pas de bavures sous l'action des chocs.

S'assurer du bon état du bouton de fixation de la barrette de détente.

Bloc à poignées.

Contrôler le jeu du mécanisme de la détente, du linguet de sûreté, des ressorts de détente et de sûreté.

Bloc d'alimentation.

Vérifier le jeu du cliquet (et de son ressort) pour le bon fonctionnement de l'entraînement, du maintien et du dégagement de la bande de cartouches. Inspecter le bon fonctionnement du coulisseau, sans quoi l'alimentation est défectueuse.

PARTIES MOBILES.

Canon. — Vérifier l'état de la chambre (excès de feuillure donnant des ruptures d'étuis), l'usure des rayures (balles pivotant sur elles-mêmes pendant le tir), l'usure des deux rainures pour le passage du transporteur. Contrôler extérieurement le bon état des garnitures d'amiante pour éviter les fuites d'eau du manchon.

Plaques de recul.

Vérifier l'usure des glissières, des ressorts latéraux appuis du transporteur.

Mécanisme de fermeture.

Vilebrequin. — S'assurer du bon état des chaînons d'enroulement du récupérateur.

Bielle. — Vérifier le pas fileté interrompu de la tige qui assure le rattachement du bloc de culasse à la bielle. Contrôler l'état d'usure de l'écrou; si celle-ci est exagérée, la corriger à l'aide de rondelles qui limitent l'usure qui se produit entre la culasse et la tranche postérieure du canon.

Ressort récupérateur. — Vérifier la chape à crochets, la vis de réglage (pas de vis).

Bloc de culasse. — Vérifier l'usure de la chape, des leviers latéraux qui assurent le relèvement du transporteur; l'état d'usure du cran de l'armé de la noix, qui doit être à arête vive. Vérifier la pointe du percuteur, qui ne doit pas être matée; la gâchette de tir doit avoir ses extrémités non arrondies; la gâchette de sûreté doit avoir son cran de l'armé avec le percuteur à arête vive, son ressort doit être assez puissant pour assurer le crochetage du percuteur, le ressort de percussion doit avoir assez de résistance pour pouvoir assurer l'armé de la culasse.

Transporteur. — Vérifier l'usure des rainures-guides, des nervures de la culasse; contrôler la saillie du percuteur, en ayant soin de désarmer la culasse; éviter l'ovalisation du passage du percuteur, se produisant autour du passage de la pointe du percuteur et pouvant déterminer un départ prématuré du coup.

Contrôler le ressort d'arrêt de cartouches; si ce dernier est trop faible, les cartouches glissent sur le transporteur (mauvaise alimentation).

Hausse à employer

pour le tir de la cartouche à balle cylindrique ogivale de 14 gr. dans la mitrailleuse allemande dont les organes de visée sont réglés pour l'emploi de la cartouche à balle S.

DISTANCE DE L'OBJECTIF.	HAUSSE EMPLOYÉE.	DISTANCE DE L'OBJECTIF.	HAUSSE EMPLOYÉE.
100	150	1000	1300
150	200	1050	1350
200	300	1100	1400
250	400	1150	1400
300	500	1200	1450
350	550	1250	1500
400	650	1300	1550
450	700	1350	1600
500	750	1400	1650
550	800	1450	1700
600	850	1500	1750
650	900	1550	1800
700	950	1600	1850
750	1050	1650	1900
800	1100	1700	1950
850	1150	1750	1950
900	1200	1800	2000
950	1250		

Nomenclature des pièces à changer pour section de mitrailleuses Maxim utilisées en France.

NOMENCLATURE DES PIÈCES DONT LE REMPLACEMENT NE PEUT ÊTRE EFFECTUÉ QU'EN MANUFACTURE.

1° *Parties fixes.*

Support de déclic.
Poignées creuses (deux pièces).
Couvercle de la boîte de culasse. Axe du couvercle.

2° *Parties mobiles.*

Plaque de droite de recul du canon.
Plaque de gauche de recul du canon.
Ressorts latéraux appuis du transporteur (deux pièces).
Vilebrequin, axe de commande du vilebrequin.
Levier d'armement. Bielle. Transporteur.

NOMENCLATURE DES PIÈCES QUI NE FIGURENT PAS DANS LES CAISSES AUX RECHANGES ET DONT LE REMPLACEMENT PEUT ÊTRE EFFECTUÉ PAR LES SECTIONS DE MITRAILLEUSES.

1° *Parties fixes.*

Manchon réfrigérant.
Tube d'échappement de vapeur. Tube à vapeur, valve coulissante. Vis arrêtoir du tube à vapeur, bouchon fileté du trou de remplissage, chaîne du bouchon, robinet du trou de vidange.

Boîte de culasse.
Barrette de détente, loqueteau de fermeture du couvercle. Axe du loqueteau. Déclic. Goupille de déclic. Plaquette à coulisse de gauche. Plaquette à coulisse porte-galet (avec son galet), galet. Rondelle de galet. Bloc à poignées. Boulon d'articulation du bloc. Broche d'attache du bloc sur les flasques. Détentes, axe de détente. Linguet de sûreté. Axe du linguet.

Bloc d'alimentation.
Coulisseau. Levier inférieur du coulisseau. Levier supérieur du coulisseau. Goupilles d'assemblage des leviers du coulisseau. Cliquet supérieur antérieur. Cliquet supérieur postérieur. Axe des cliquets supérieurs, cliquets inférieurs, axe des cliquets inférieurs.

2° *Parties mobiles.*

Canon et plaques de recul.
Ecrou de bielle.
Vis de fixation du levier d'armement.

Culasse mobile.

Rivet-axe de la gâchette de sûreté.

Récupérateur.

Boîte du ressort récupérateur.
Vis de réglage du récupérateur.

3° *Appareil de pointage.*

Guidon.

Planche de hausse. Vis-axe de la planche de hausse. Curseur.

Renseignements numériques.

Poids de la pièce, manchon plein.......... 22 kgr.
Poids de l'affût, manchon plein. .... 34 kgr.
Longueur de la bande de cartouches..... 5 m. 50.
Poids de la bande vide: . ... 1 k. 190.
Poids de la bande chargée. .... 6 k. 940.
Contenance de la caisse de cartouches. . 500 cartouches.
Poids de la caisse vide. .... 4 k. 100.
Poids de la caisse chargée.............. 17 k. 980.

LUNETTE ZEISS

La lunette Zeiss adoptée pour les mitrailleuses Maxim est de forme polygonale; on remarque un oculaire protégé par une rondelle en caoutchouc, sur le côté gauche un bouton fileté d'un diamètre de deux centimètres et demi portant des graduations correspondant à la hausse, mais ne commençant qu'à partir de 400 mètres seulement.

La lentille par où entrent les rayons lumineux porte un protecteur en métal pour éviter les chocs. La couleur de la lunette est d'un gris sombre.

Intérieurement, la lunette est composée d'un prisme spécial diètre, l'appareil est réglé pour une vue normale et aucune molette ne permet de régler la mise au point. Le grossissement est de 3 diamètres et le champ d'environ 60 mètres à 400 mètres. La clarté de l'appareil est particulièrement appréciable.

En visant un objectif, on remarque dans la lunette deux traits noirs venant former un angle, ce dernier se déplace en hauteur suivant que l'on fait tourner le bouton fileté en avant ou en arrière.

L'appareil est basé sur le principe suivant :

Si le tireur pointe correctement sa pièce sur un objectif donné avec la hausse exacte, 800 mètres par exemple, et qu'il mette le chiffre de la graduation du bouton fileté de la jumelle à 800, le sommet de l'angle formé par les deux traits noirs arrive exactement au pied de l'objectif visé.

De ce principe découlera la pratique de la jumelle.

Le chef de section donne le but et la hausse. Le tireur pointera immédiatement sa pièce à l'aide du volant de pointage, puis mettra le bouton de la jumelle au chiffre correspondant à la hausse donnée (cette opération est simplifiée par un point de repère).

LUNETTE ZEISS

Vue de l'instrument sur le côté gauche de la pièce.

Vue de l'instrument en arrière de la pièce.
(à la place du tireur).

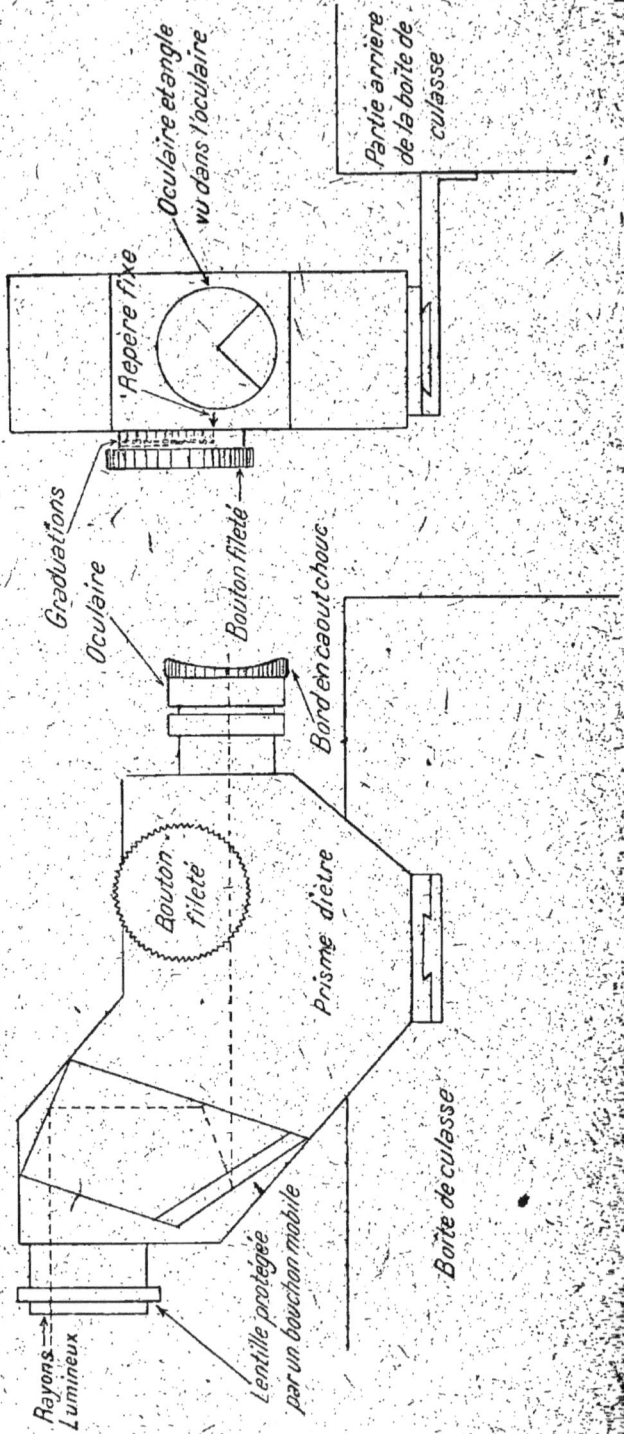

Rayons Lumineux

Lentille protégée par un bouchon mobile

Bouton fileté

Prisme dietre

Boîte de culasse

Graduations

Oculaire

Bouton fileté

Bord en caoutchouc

Repère fixe

Oculaire etanglé vu dans l'oculaire

Partie arrière de la boîte de culasse

Si la hausse donnée par le chef de section est exacte, le sommet de l'angle des deux traits noirs doit arriver au pied du but.

Si la hausse donnée par le chef de section est fausse, le tireur rectifiera en amenant progressivement le sommet de l'angle exactement au-dessous de l'objectif en agissant sur le volant de pointage de la mitrailleuse.

Le feu peut commencer, et, pendant tout le tir, le tireur n'a qu'à s'occuper de maintenir le sommet de son angle sur l'objectif indiqué sans s'occuper de la hausse. Si l'objectif se déplace, le tireur fera la rectification à l'aide du volant de pointage.

Etant donnée la très grande clarté de la lunette, celle-ci peut servir également comme une jumelle ordinaire, pour observer les effets du feu ou bien encore pour suivre les mouvements de l'ennemi pendant les arrêts de tir.

TIR

Procédés de tir de la mitrailleuse.

Différents genres de feu. — Outre le feu coup par coup qui ne sert qu'à l'instruction, on distingue le feu de salve et le feu continu. Le feu de salve est un tir d'environ 50 cartouches, qui ne sert qu'à l'évaluation de la hausse et au choix du point à viser. On l'exécute, l'arme fixée en hauteur et en direction. Après un tir de 50 coups environ, au signal de « Cessez le feu », le feu cesse. La pièce est rendue libre en hauteur et en direction. Le tir continu est le tir d'efficacité : il ne sera interrompu que lorsque les circonstances l'exigeront. Il comprend :

Le tir sur un point;

Le tir avec fauchage en largeur;

Le tir avec fauchage en profondeur,

et il est exécuté la mitrailleuse étant libre en hauteur et en direction.

Le feu sur point fixe est dirigé sur un point précis sur lequel le tireur doit s'efforcer de maintenir la ligne de mire. Pour le feu avec fauchage en largeur, la mitrailleuse est déplacée lentement et régulièrement dans le sens latéral (1).

Le fauchage échelonné en profondeur est obtenu en déplaçant la gerbe dans le sens de la ligne de tir. La main droite agit sur la manivelle d'une manière

---

(1) En France, le tir de fauchage est différent. Au lieu d'arroser uniformément l'objectif, le tireur cherche à faire, au contraire, des groupements de balles en allant de la gauche à la droite de l'objectif et en dirigeant son tir sur les parties les plus denses du but. Cette constance dans le sens du fauchage facilite, en effet, l'observation des effets du feu.

régulière et sans s'arrêter. Au début de l'instruction, le tireur a une tendance à agir par saccades sur la manivelle; il faut énergiquement réagir contre cette faute.

Conduite du feu.

Le tir d'efficacité sera généralement précédé d'un réglage, sauf si l'objectif, très mobile, est en mesure de se soustraire au feu presque instantanément; dans ce cas, le feu d'efficacité sera exécuté sur une, deux ou trois hausses, ou encore avec fauchage en profondeur. Le feu sera réparti en divisant le front de l'objectif en autant de fractions qu'il y a de mitrailleuses tirant avec chaque hausse.

On emploiera autant que possible la position couchée pour éviter les pertes. Le feu sera ouvert simultanément par toute la compagnie ou au moins par chaque section. Dans les tirs de combat, on distingue les feux de salve (tir de réglage) et les feux continus (tir d'efficacité). Si la situation ou l'objectif n'exigent pas un tir d'efficacité immédiat, il est bon de chercher à déterminer la hausse par le réglage.

Le réglage se fait habituellement par section, parfois par compagnie, en tirant sur un point déterminé. On peut cesser le feu dès que l'on a pu faire les observations nécessaires.

Réglage.

Si le tir de réglage a donné des résultats, chaque chef de pièce, au début du tir d'efficacité, devra vérifier, en tirant sur un point, si la gerbe atteint bien la partie de l'objectif qui lui est attribuée. Il a le droit de modifier la hausse.

Au début du tir d'efficacité, il faut compter sur un

raccourcissement ou un allongement des trajectoires. Il faut donc, peu après le commencement de ce tir, rectifier le réglage. Ce n'est que dans ces conditions exceptionnellement favorables (observation facile des points de chute, observation des effets du tir) que l'on pourra exécuter le feu d'efficacité sans aucun fauchage en profondeur. Mais, en général, ce cas ne se présentera pas. La partie utile de la gerbe est si étroite qu'il ne sera pas toujours possible de la transporter sûrement et rapidement sur l'objectif; de plus, les variations du centre de gravité de l'affût, dans le fauchage latéral, influent sur la gerbe. Il faudra donc généralement agrandir le terrain battu; on y arrive au moyen du fauchage en profondeur, battant 50, 100, 200 ou 300 mètres.

On obtient le fauchage en profondeur en tournant la manivelle de pointage en hauteur, à droite et à gauche. Le plateau gradué sert à régler ce mouvement. Si l'on tourne la manivelle de toute la longueur du trait correspondant à la distance, la gerbe est déplacée de 100 mètres. La durée de ce mouvement et du mouvement inverse est d'environ une seconde.

Pour les distances qui ne sont pas indiquées sur le plateau, on choisit des points intermédiaires. Il est inutile de se maintenir entre les lignes fixées.

Pour un fauchage en profondeur de 50 mètres, on tourne la manivelle d'un quart de trait à droite, puis d'un demi-trait à gauche et ainsi de suite. La ligne de mire descend au-dessous du point à viser lorsqu'on tourne la manivelle à gauche.

Pour battre une profondeur de 200 à 300 mètres, tourner la manivelle d'une longueur égale à deux ou trois traits. Pour exécuter le tir sur une profondeur de 300, 200 et 100 mètres, la mitrailleuse est pointée avec une hauteur supérieure de 150, 100 et 50 mètres à la distance appréciée. Viser le pied du but. On tourne ensuite la manivelle de trois, deux, un trait vers la droite, puis en sens inverse jusqu'à ce que la ligne de mire passe par le pied du but.

La profondeur à battre dépend :

De l'objectif;

De la distance;

De l'exactitude avec laquelle on a pu évaluer la hausse ou faire des observations. Lorsqu'il faut commencer sans délai le tir d'efficacité contre un objectif, ou si le tir de réglage n'a pas permis de faire des observations suffisantes, on prend dès le début une profondeur de 100 mètres au moins. En général, on utilise la profondeur de 300 mètres pour les grandes distances et celle de 200 mètres pour les distances moyennes. Pendant le tir, les chefs de section et les chefs de pièce doivent sans cesse s'efforcer de resserrer la fourchette, mais ils ne perdront pas de vue qu'un resserrement exagéré peut conduire à l'insuccès. En général, on peut considérer la hausse comme bonne si un tiers environ des projectiles peut être observé en avant de l'objectif. La grande consommation des munitions, la production de vapeur et l'usure du matériel ne permettent de tirer que pendant peu de temps. Le feu ne sera donc ouvert que sur des objectifs d'une importance tactique. C'est le rôle des chefs de reconnaître les occasions propices.

Lorsque le front de l'objectif est étroit, l'influence du vent doit être corrigée. La déviation augmente avec la distance du but et la vitesse du vent. Si le vent souffle par rafales et si l'observation est pénible, il est difficile de déterminer la correction de pointage nécessaire. Il faut opérer alors un léger fauchage à droite et à gauche de l'objectif. Contre de l'artillerie ou des mitrailleuses en partie défilées, il faut battre toute la

zone où se trouve l'objectif; mais on ne peut compter
sur un résultat suffisant que s'il est battu de flanc ou
d'écharpe. Le bruit du combat empêchera souvent les
hommes d'entendre les commandements et les ordres.
Il faudra donc employer les signaux. La liaison entre
les commandants de compagnie, chefs de section et
chefs de pièce doit être assurée par des hommes désignés spécialement à cet effet. Ceux-ci sont respon-
sables de la transmission de tous les ordres. Le feu
doit rester constamment dans la main des chefs.
Les chefs de section et de pièce doivent savoir agir
au mieux des circonstances du combat, d'après leur
propre initiative.

Si les circonstances sont favorables, il sera bon,
dès le début, de répartir le feu sur tout le front de
l'objectif. Si elles le sont moins, on réglera d'abord
le tir par un feu de salve exécuté sur un point favorable à l'observation et on ne répartira le feu qu'après
ce réglage.

En principe, chaque section, chaque pièce tire sur
la partie de l'objectif située en face d'elle ou qui occupe une position correspondante, de manière que
tout le front soit battu.

Si parfois c'est impossible, on croise les feux; au
besoin, les chefs de section en donnent l'ordre, à
charge d'en rendre compte au capitaine.

Discipline du feu.

Elle comprend l'exécution consciencieuse des ordres reçus et la stricte observation des principes de
l'emploi de l'arme et de son utilisation au combat.
De plus, elle exige la conduite soigneuse du feu,
l'utilisation du terrain en vue d'augmenter l'effet produit, l'attention prêtée au chef et à l'ennemi, l'interruption du feu dès que l'objectif disparaît ou que

l'ordre est donné de cesser le tir. Si, au combat, le feu cesse d'être dirigé, les servants agissent par eux-mêmes. C'est le but de l'éducation du temps de paix.

Observation du tir.

Il est bon d'observer sans cesse les points de chute au moyen de jumelles, afin de reconnaître, par leur emplacement et par l'attitude de l'ennemi, si la hausse et le point à viser sont bien prescrits, ou bien s'il est nécessaire de les rectifier. C'est le principal rôle du chef de pièce.

Si l'observation ne peut se faire sur la ligne de feu même, il est bon de placer sur les flancs, et à couvert si possible, des observateurs qui communiquent leurs observations aux tireurs par des gestes convenus, à la voix ou au moyen d'hommes de liaison.

Interruptions du feu.

Pendant les interruptions du feu, on s'efforcera, tout en tenant compte de la situation, de mettre en état la mitrailleuse, de l'huiler, de l'approvisionner d'eau, etc.

Effets du feu.

Contre les lignes de tirailleurs couchés ou des mitrailleuses sans boucliers, l'effet utile serait suffisant jusqu'à 1.200 mètres par suite de la possibilité de déterminer exactement par le réglage la zone à battre; l'effet utile est augmenté si les observations sont possibles.

Des objectifs étendus peuvent subir jusqu'à 1.500 mètres des pertes sensibles, même si les observations sont difficiles.

DESCRIPTION DE L'AFFUT MAXIM.

L'affût de la mitrailleuse Maxim se compose de deux flasques et d'une plate-forme reposant sur le sol par quatre pieds : il a la forme d'un traîneau, à sa partie supérieure il porte deux coussinets à susbandes formées par deux boulons qui reçoivent les tourillons du berceau porte-mitrailleuse.

Le berceau comporte à l'avant, une chape, sur cette chape repose le manchon réfrigérant de la mitrailleuse, qui est maintenu en place par deux tourillons verticaux.

À l'arrière du berceau se trouve un secteur lisse qui permet le pointage latéral et une chape d'attache qui permet le pointage en profondeur. L'articulation des pieds antérieurs de l'affût est indépendante des pieds postérieurs. Ces pieds sont assemblés par un boulon à entretoise.

Pointage latéral. — La mitrailleuse étant sur son affût et la hausse placée d'après les indications du chef de section, débloquer le coulisseau sur le secteur lisse : pour cela agir sur la manette qui commande la mâchoire articulée sur le coulisseau, le tireur à l'aide des poignées exécute son fauchage en imprimant à la pièce un mouvement latéral. Ce mouvement est limité par le coulisseau qui agit dans une rainure placée sous le secteur lisse.

Pointage en profondeur. — La mitrailleuse étant sur son affût, la hausse disposée d'après les indications du chef de section, mettre le volant à la position haute, le tireur débloque avec la main gauche les deux manettes de blocage.

(Ces manettes de blocage agissent sur deux bielles articulées. Un arbre de commande qui agit sur ces dernières donne plus ou moins de hauteur à la pièce suivant leur position; l'arbre de commande se termine à l'avant par une vis sans fin et à l'arrière par un petit volant, il peut prendre deux positions : en abaissant ce volant on embraye la vis sans fin avec le secteur denté, et en l'élevant au contraire on débraye.)

Soutenir la pièce pour qu'elle ne tombe pas brusquement : dégrossir le pointage en agissant directement sur la pièce et le terminer au moyen du petit volant qui se trouve à l'arrière de l'arbre de commande.

NOTA. — On donne plus ou moins de hauteur à l'affût en agissant avec les mains sur les crochets mobiles des pieds antérieurs du traîneau, ceux-ci pénétrant dans des mortaises pratiquées sur les flasques.

Moyens de transport.

L'affût peut prendre les positions suivantes :

1° Dans les transports sur route ou pour tirer dans la position couchée, les pieds antérieurs de l'affût se rabattent complètement sur les pieds postérieurs. Dans cette position, les pieds antérieurs recouvrent la plate-forme de l'affût;

2° Dans les changements de batteries pour transporter les pièces à dos d'hommes, le chargeur passe la tête entre les deux pieds antérieurs de l'affût. Celui-ci étant dans sa position normale repose les coussinets sur ses épaules et transporte la pièce;

3° Pour le transport à deux hommes, les pieds antérieurs sont disposés dans le prolongement des pieds postérieurs, dans ce cas l'affût ressemble à une civière.

NOTA. — Sur le plateau de l'affût se trouvent deux boîtes métalliques placées à l'avant contenant deux blocs de culasse de rechange, des garnitures d'amiante, un tire-douille, etc. Sous l'arbre de commande se trouvent deux réservoirs, un à huile, l'autre à pétrole. Sur le côté gauche du plateau, une autre boîte métallique contient des petites pièces de rechange (goupilles, vis, ressorts, etc.).

PRINCIPES GÉNÉRAUX

Les mitrailleuses donnent au commandement le moyen de fournir sur certains points des feux d'infanterie très denses sur un front très étroit.

Les mitrailleuses aident l'infanterie dans le combat; aptes à produire des feux d'infanterie très puissants avec un front étroit, elles renforcent très sérieusement l'attaque ou la défense, si elles sont mises en ligne avec décision au moment voulu et au point décisif.

Mobilité. — Les mitrailleuses peuvent être utilisées dans tous les terrains praticables à l'infanterie et, une fois séparées de l'affût, doivent être en mesure de franchir des obstacles même importants. L'objectif qu'elles offrent n'est pas plus grand que s'il était composé de tirailleurs, et leur puissance combative résiste mieux aux pertes que l'infanterie.

Sur le champ de bataille, les mitrailleuses doivent être enlevées de l'affût et portées ou traînées aussitôt qu'elles risquent les effets du feu de l'ennemi; tous les couverts qui peuvent être utilisés par l'infanterie sont suffisants pour les abriter.

Des couverts qui suffisent à peine pour une section d'infanterie peuvent abriter tout un groupe de mitrailleuses (1).

Grâce à la construction des voitures, qui peuvent transporter l'arme, les cartouches et les servants, et à la puissance des attelages, les détachements de mitrailleuses peuvent accompagner les troupes à cheval.

---

(1) Six pièces.

Effets du feu. — La portée du projectile de la mitrailleuse et les effets qu'il produit sont ceux du fusil d'infanterie. La rapidité du tir, l'étroitesse de la gerbe, la possibilité de grouper plusieurs mitrailleuses sur un terrain restreint, mettent les groupes de mitrailleuses en mesure d'obtenir des résultats décisifs en certains points, et même d'annihiler en peu de temps, à grande distance, des objectifs étendus et denses.

Les mitrailleuses sont peu aptes au combat prolongé.

Il faut généralement éviter la lutte contre les lignes de tirailleurs bien abritées; elle exige une consommation de munitions non proportionnée aux résultats obtenus. Il peut donc arriver qu'au cours d'un long combat, les mitrailleuses et leurs servants soient retirés momentanément de la position de tir, afin de réserver leurs forces pour l'instant décisif.

La lutte contre les mitrailleuses, but difficile à atteindre, ne répond pas à la nature de l'arme; généralement, il sera plus avantageux de les faire combattre par d'autres armes, sinon il faut tout d'abord reconnaître soigneusement la position ennemie.

Contre la cavalerie. — Le groupe de mitrailleuses n'a rien à craindre des attaques de la cavalerie. Dans ce cas, toute formation est bonne pourvu qu'elle permette d'opposer à la cavalerie des feux nourris exécutés avec calme et précision. Aussi bien quand la mitrailleuse est sur l'affût que quand elle en est enlevée, le feu doit faucher tout le front. Il faut veiller tout particulièrement à la sécurité des lignes plus en arrière, des flancs et des attelages, si elles ne se trouvent pas avec les pièces.

Les groupes de mitrailleuses sont capables, en terrain découvert, de repousser la cavalerie, pourvu

qu'elle ne soit pas en nombre tel qu'elle puisse attaquer sur plusieurs lignes et sur plusieurs côtés à la
fois.

Contre l'artillerie. — Il faut remarquer que, à
grande distance, l'artillerie a la supériorité.

Pour combattre l'artillerie, les mitrailleuses, sans
leurs affûts, sont amenées le plus près possible des
canons (1). Parfois, grâce à l'extrême mobilité du
groupe attelé, il pourra attaquer de flanc, et, de la
sorte, augmenter notablement l'effet qu'il produira.
Il est mauvais de battre avec fauchage le front entier
d'une batterie en action.

En général, le groupe de mitrailleuses reste réuni;
dans certains cas particuliers, on peut séparer les
sections; le commandant du groupe attribue à ces
sections des fractions de l'échelon. Il est interdit de
détacher des mitrailleuses isolées (2). Il sera rarement avantageux de réunir plusieurs groupes; dans
ce cas, le commandant de groupe le plus ancien
prend le commandement de l'ensemble.

Il est bon d'affecter quelques cavaliers éclaireurs
aux groupes de mitrailleuses, dont les missions sont
très variées, pour augmenter leur indépendance. Du
reste, l'aptitude combative des mitrailleuses est telle
qu'elles n'auront besoin d'un soutien spécial que dans
un terrain extrêmement couvert. Ce rôle sera confié,

---

(1) Grâce à sa vitesse initiale de 900 mètres et à sa grande
pénétration, la balle allemande traverse le bouclier en acier
chromé de nos canons de 75 jusqu'à 250 mètres. La balle
française D ne traverse ces boucliers qu'aux distances infé-
rieures à 120 mètres.

(2) Un écrivain militaire allemand, le général Rhone, consi-
dérant l'échauffement de la mitrailleuse dans un tir prolongé,
préconise l'emploi des sections de trois pièces, dont une
seule tirerait. L'emploi de la mitrailleuse isolée n'a jamais
été envisagé sérieusement dans aucune puissance, il expo-
serait à rester désarmé dans un moment critique.

pour couvrir les flancs et les derrières, et pour protéger les attelages, à de petites fractions d'infanterie ou de cavalerie. Toute troupe de l'une de ces armes, placée à proximité, doit donner satisfaction aux demandes du commandant de groupe.

Les mitrailleuses ne peuvent, en aucun cas, remplacer l'artillerie. Elles trouvent leur meilleur emploi là où l'on pourra le mieux utiliser la densité de leurs feux unie à leur mobilité et à la possibilité de se défiler, à condition de quitter les attelages.

Pour employer judicieusement les mitrailleuses, il faut connaître à fond la situation tactique, les projets du commandement et la marche du combat. Les groupes de mitrailleuses sont donc à la disposition immédiate du haut commandement. Si on les détache auprès de certaines unités, on ne pourra que rarement utiliser toute leur valeur.

L'emploi des mitrailleuses reste à la disposition du colonel, qui peut soit les conserver dans sa main, soit les affecter aux bataillons (1).

Direction du combat.

Suivant les circonstances, les chefs doivent donner leurs ordres avec rapidité et sans hésitation; ils se rappelleront que la négligence est une faute plus grave qu'une erreur dans le choix des moyens.

Au début de la lutte, le commandant du groupe se rend auprès du chef auquel il est subordonné pour recevoir ses ordres. *Au besoin, il les provoque.* Au cours d'un combat, il reste en liaison constante avec le commandement pour le tenir au courant de ce qu'il fait et se renseigner sur la marche du combat.

---

(1) Dans la compagnie seulement, dans les groupes on ne divise que très rarement les pièces,

Reconnaissance et choix de la position.

La position est choisie en vue du rendement maximum; ce n'est qu'ensuite que l'on s'occupe du défilement.

Toute occupation de position est précédée d'une reconnaissance dont la sage exécution constitue une des conditions essentielles d'un résultat satisfaisant. Cette reconnaissance porte sur la recherche des objectifs, sur l'emplacement à occuper, sur la nature et la viabilité du terrain à parcourir et sur les mesures de sécurité à prendre pour parer à une surprise.

Dans la marche en avant et sur des positions défensives, le commandant du groupe exécute lui-même la reconnaissance. En retraite, il reste avec sa troupe tant qu'elle se trouve sous le feu efficace de l'ennemi; mais il envoie un officier ancien pour faire la reconnaissance.

Avant l'occupation d'une position, il est bon que le commandant du groupe l'ait vérifiée lui-même.

Il faut éviter d'attirer trop tôt l'attention de l'ennemi sur la position choisie; l'officier qui fera la reconnaissance parcourra donc cette position seul et à pied (1).

Les positions dominantes sont particulièrement favorables pour les mitrailleuses, afin que la progression des tirailleurs n'arrête pas leur feu. Mais elles peuvent aussi tirer sans danger dans les intervalles des lignes de tirailleurs.

---

(1) Dans la compagnie, c'est le capitaine qui fait la reconnaissance du terrain pour le choix de sa position de tir.

A la rigueur, le capitaine peut se faire accompagner d'un télémétreur, qui appréciera la distance de l'objectif avant l'arrivée des pièces sur l'emplacement de tir.

Pour changer de position, il faudra parfois avoir recours à des auxiliaires d'infanterie pour le transport des munitions.

Une bonne position doit offrir un champ de tir étendu et dégagé, permettant de battre le terrain jusque près des pièces; le front doit être, autant que possible, perpendiculaire à la direction du tir, son étendue suffisante (1); les pièces doivent être défilées aux vues; il faut tenir compte de la viabilité sur la position et en arrière.

Il faut éviter d'occuper des positions voisines ou à la hauteur d'objectifs sur lesquels l'ennemi a réglé son tir. Il est mauvais aussi de se placer près d'objets bien visibles et surtout en avant de ceux-ci, parce qu'ils facilitent le réglage du tir de l'ennemi, tandis qu'un fond sombre ou un terrain de même teinte augmentent les difficultés de réglage.

Tous les couverts, même artificiels, augmentent les difficultés de l'observation du tir de l'ennemi.

Occupation de la position.

Pendant la marche et pendant la prise de position, la surveillance ne sera pas interrompue. Sur les flancs menacés, les officiers qui amènent la troupe envoient des éclaireurs, surtout en terrain couvert; ces éclaireurs resteront à proximité, ils resteront en liaison avec la troupe. On utilise les chemins le plus longtemps possible.

L'allure et le moment où l'on déchargera les pièces des affûts sont fonction des projets du commandement, de la marche du combat, de la nature du terrain et du sol.

---

(1) De 15 à 20 mètres, disent la plupart des règlements étrangers.

Les ordres pour l'occupation de la position seront donnés à temps pour permettre d'éviter tout retard dans l'ouverture du feu. On cherchera à arriver sur la position sans être vu et à ouvrir le feu par surprise. Mais ce n'est possible que si, même pendant la marche d'approche, on s'est occupé de l'utilisation des défilements et si l'adversaire reste dans l'indécision sur la position choisie.

A défaut de couverts suffisants, ou s'il faut s'engager immédiatement, on cherchera à surprendre l'ennemi par la rapidité de l'occupation.

Chaque pièce choisit l'emplacement le plus favorable pour son action et son défilement. En général, les pièces prennent des intervalles d'environ 20 pas; mais il n'y a pas lieu de rechercher l'alignement des pièces et l'égalité des intervalles. Mais il faut se rappeler que la vulnérabilité de la ligne croît avec sa densité.

En aucun cas, les mitrailleuses ne doivent se gêner mutuellement. Il peut être avantageux d'échelonner les pièces isolées, si les flancs sont menacés.

Lorsque la nature du terrain ou de l'objectif obligent à choisir soigneusement l'emplacement de chaque pièce, il est bon de porter en avant les chefs de pièce et parfois les pointeurs.

Ouverture du feu et conduite du combat.

On ne se décidera pas prématurément à ouvrir le feu (1). Il faut penser que le feu n'a d'action déci-

---

(1) Pour décider de l'opportunité de l'ouverture du feu, une considération s'impose au commandant de compagnie : c'est l'importance tactique momentanée que présente l'objectif dans le cadre de la mission attribuée à la compagnie. Une seconde considération, subordonnée à la première, doit également entrer en ligne de compte; il faut examiner

sive que s'il est dirigé sur des troupes ennemies se trouvant à bonne portée.

Le but est déterminé d'abord par l'importance tactique momentanée des troupes ennemies. Il faudra d'abord battre les objectifs très vulnérables en raison de leur hauteur, de leur profondeur, de leur front et de leur densité.

On ne peut tirer par-dessus les troupes amies que si la disposition du terrain permet de faire des feux étagés.

Le tir de nuit ne donne de résultats que si les mitrailleuses ont été pointées de jour sur les points où l'on attend le passage de l'ennemi, ou quand on a à battre des points bien éclairés, comme des feux de bivouac, etc.

Consommation de munitions. — La grande consommation qu'exigent les mitrailleuses demande qu'elles n'agissent qu'à bonne portée et contre des buts suffisants (1).

Avant d'ouvrir le feu, se rappeler que le nombre de cartouches est limité et que l'emploi d'une certaine quantité de munitions représente une dépense de forces qui ne doit être faite qu'à bon escient.

Mais si l'on se décide à battre un objectif, il faut sacrifier des munitions suffisantes pour atteindre le

si la dépense de munitions que va occasionner le feu est proportionnée à l'effet probable du tir sur l'objectif donné. Les artilleurs disent : si le but est rémunérateur.

(1) Dotation de cartouches dans les groupes de mitrailleuses et par pièce : 14.550. En Allemagne, dans les compagnies de mitrailleuses et par pièce : 12.200.

En *France*, chaque section de mitrailleuses possède :

1.100 cartouches sur bâts, ou voiturettes;

21.400 cartouches dans le caisson de ravitaillement;

27.000 cartouches sur bandes au parc de corps d'armée;

40.000 cartouches en vrac au parc d'armée;

1.600 bandes à la gare régulatrice.

but que l'on s'est proposé. Un feu d'efficacité insuffisante affaiblit le moral des tireurs et raffermit celui de l'ennemi.

Les pertes subies par l'ennemi l'ébranleront d'autant plus qu'elles seront plus rapides. Donc, en général, même sur une faible fraction ennemie, on tirera avec le groupe entier, et non avec une ou deux sections (1).

La consommation des munitions sera sensiblement la même, tandis que les pertes éprouvées par les tireurs seront beaucoup moindres.

Changement d'objectif. — On ne changera d'objectif qu'après avoir obtenu le résultat cherché sur le premier objectif. Des changements d'objectifs fréquents diminuent les effets obtenus.

On ne pourra pas toujours éviter de battre simultanément plusieurs objectifs, mais on ne dévoilera pas le tir jusqu'à la dispersion.

Dans tous les cas, le feu ne produira tout le rendement dont il est capable que si tous les servants font preuve de sang-froid, d'habileté au tir et de discipline au feu. Cette dernière qualité doit subsister même si la plupart des chefs sont hors de combat.

Dans une troupe bien instruite, la présence de soldats calmes et l'exemple d'hommes prudents et braves sont des garanties de succès contre un adversaire dont la situation est tout aussi pénible.

---

(1) En France, le tir avec une seule pièce à la fois est le tir normal, mais on a une tendance à faire tirer les deux pièces d'une section en même temps pour obtenir le maximum d'effet dans le minimum de temps. Le groupement par section de deux pièces présente un inconvénient technique : c'est la présence perpétuelle sous le feu de deux pièces, dont une seule tire.

Rôle des chefs au combat.

Colonel ou commandant. — Le commandement indique le but.

Capitaine. — Le commandant du détachement choisit la position de tir, cherche la hausse, indique les objectifs et la manière de les battre, et donne l'ordre d'ouvrir le feu.

Lieutenant. — Le chef de section répète les commandements; il indique l'emplacement, le point à viser et la hausse pour chaque pièce. Il surveille les servants et est responsable du réglage du tir de sa section.

Caporaux. — Le chef de pièce choisit l'emplacement et la hauteur de sa pièce, veille à l'exécution du règlement et, le cas échéant, prend lui-même des mesures pour que le centre de la gerbe coïncide avec l'objectif. Il est responsable de la manœuvre de sa pièce et la surveille pour éviter des incidents susceptibles d'entraver son tir.

Si les chefs font bon usage de l'initiative qui leur appartient, si les distances sont estimées avec rapidité et sûreté, si l'on apprécie correctement l'influence des circonstances atmosphériques sur la position de la gerbe et si l'on est habitué à bien observer les résultats du tir, on sera rarement obligé d'interrompre le tir du groupe entier pour changer les hausses et les points à viser. Il faut surtout éviter l'interruption totale du feu si la nature du but fait supposer qu'il ne sera visible que pendant un temps très court. Contre de tels buts, il ne faut pas perdre de temps dans la désignation de l'objectif. Un groupe bien instruit doit saisir rapidement l'objectif et répartir son tir convenablement. Si une partie de la ligne adverse est détruite ou a disparu, le feu est naturellement reporté sur les fractions encore visibles ou qui continuent la résistance.

Le point où se tient le chef a de l'importance pour les ordres à donner et pour la conduite du feu.

En temps de paix, tous les chefs doivent, pour donner leurs ordres, se tenir à la place et dans l'attitude qu'ils auraient en campagne. Le directeur de la manœuvre peut faire exception; il peut autoriser aussi ses subordonnés à ne pas observer cette prescription, s'il le juge utile à l'instruction.

Du reste, il faut veiller avec soin à ce qu'il n'y ait en vue que le personnel strictement nécessaire pour l'observation du terrain de combat, pour le service des mitrailleuses, le ravitaillement en munitions et l'appréciation des distances.

Règlement relatif aux attelages.

Echelon. — En principe, au combat, tous les attelages sont défilés à la vue. On avance en faisant porter ou traîner par les servants les pièces enlevées des affûts et les voitures à munitions. Il peut être utile d'atteler à une voiture de pièce ou à munitions un attelage de tête ou un seul cheval; un homme marche alors à côté de l'attelage pour l'empêcher de verser et pour franchir des obstacles. L'ensemble ne doit pas être recherché, sauf pour l'occupation de la position de tir.

Ce n'est que si les circonstances du combat le permettent que les pièces pourront abandonner tout attelées leur couvert; mais, dans ce cas même, les voitures, une fois les pièces enlevées, sont envoyées aussitôt vers l'échelon. Suivant la nature des abris et la distance de l'ennemi, les voitures sont réunies à l'échelon ou demeurent plus rapprochées des pièces.

En terrain découvert, l'échelon restera aussi près de la batterie de tir que le permet le feu de l'ennemi. A défaut de couverts, les voitures forment la colonne par pièce derrière l'une des ailes de la batterie de tir.

Derrière un couvert, toute formation des voitures est bonne, pourvu qu'elle permette de sortir facilement

Le gradé qui est à l'échelon reste en liaison constante, par lui-même ou par des cavaliers, avec l'échelon de tir, pour suivre ses mouvements autant que possible, même sans ordres. Il rend compte de tout changement de position.

Le chef de l'échelon maintient un ordre absolu et une stricte discipline. Le désordre des voitures en arrière de la ligne de tir peut, notamment par l'encombrement des chemins et des défilés, avoir les conséquences les plus fâcheuses.

Les voitures sont protégées par des éclaireurs contre les surprises.

Ravitaillement en munitions.

Il est de la plus haute importance que les munitions soient complétées au plus tôt. Tout chef, dans la mesure de son emploi, doit s'en préoccuper. Mais, de plus, les officiers et les hommes chargés du ravitaillement doivent mettre en jeu toutes leurs forces et employer tous les moyens pour approvisionner de cartouches la ligne de feu, même s'ils ne reçoivent pas d'ordres.

Au combat, le chef des voitures fait amener en temps utile des caisses de cartouches sur la ligne de feu et en fait rapporter les caisses vides; les boîtes et les bandes seront regarnies au plus tôt par les hommes qui sont aux caissons.

Les commandants de corps d'armée règlent l'arrivée des sections de munitions intéressées; si celles-ci ont été mises à la disposition des généraux de division, ceux-ci en font autant.

Les cartouches pour mitrailleuses sont transportées :

a) Dans les divisions de cavalerie, par des sections légères de munitions;

b) Dans les corps d'armée, par les sections de munitions d'infanterie, dont les caissons sont peints en rouge (en Bavière, par toutes les sections de munitions d'infanterie).

On peut demander aux commandants de corps d'armée le lieu et l'heure de l'arrivée probable de ces sections de munitions et provoquer l'ordre de porter en avant les caissons de munitions pour mitrailleuses.

En cas d'urgence, ces caissons s'avanceront jusqu'aux voitures de la batterie de tir du groupe.

Au besoin, l'infanterie et la cavalerie passent des cartouches aux mitrailleuses (1).

Remplacement du personnel et du matériel.

Le groupe a besoin d'être ravitaillé en personnel et en matériel, comme en cartouches. Tout groupe de mitrailleuses doit mettre en jeu toutes ses forces et

---

(1) Dans ce cas le personnel est obligé de mettre ces munitions sur les bandes en toile de 250 cartouches avec un appareil spécial à charger. En France, ce procédé ne serait pas sans inconvénient; l'amorçage des cartouches des sections de mitrailleuses étant différent des munitions d'infanterie, en tirant celles-ci, on risque d'avoir des chutes de couvre-amorces et par suite des enrayages. Le ravitaillement des sections de mitrailleuses est largement prévu de ce fait.

employer tous les moyens pour conserver sa capacité de tir et sa mobilité.

Les chefs de section et le chef des voitures prennent les mesures nécessaires (1).

Les hommes doivent être capables de faire sans direction les travaux de remplacement et de réparation. On ne tient pas compte des avaries et des pertes qui n'influent pas sur la mobilité, afin d'atteindre au plus tôt la position de tir avec toutes les pièces.

Si une pièce ou une voiture est immobilisée, le chef de section ou le chef des voitures donne, tout en marchant, les ordres nécessaires; mais il reste avec la fraction encore disponible de son unité. En retraite, à moins d'ordres contraires, le chef de section veille en personne à ce qu'aucune de ses pièces ne reste en arrière.

Parfois, du matériel endommagé sera ramené par un attelage réduit ou par des hommes.

Le premier échelon des sections de munitions emmène une mitrailleuse de rechange pour chaque groupe (2).

Offensive.

Dans l'offensive, il faut distinguer :

1° Le combat de rencontre;

2° L'attaque d'un adversaire en position;

3° L'attaque d'une position organisée défensivement.

---

(1) En Allemagne, les troupes d'infanterie sont exercées dès le temps de paix à la manœuvre de la pièce. En France, le personnel est exercé à remplir toutes les fonctions des servants; de plus, il existe toujours des suppléants capables de remplacer les hommes de la section qui disparaissent.

(2) En France, il existe à la 3e section de munitions du parc de corps d'armée un lot important de pièces de rechange pour mitrailleuses.

Combat de rencontre. — Dans le combat de rencontre, l'avant-garde doit donner au gros le temps et l'espace nécessaires au déploiement. Cette mission exige l'occupation rapide de points d'appui; il sera souvent utile d'affecter des mitrailleuses à l'avant-garde, même à la cavalerie de l'avant-garde.

A l'arrivée de l'infanterie, on s'efforcera de retirer les mitrailleuses du combat pour les conserver disponibles.

Attaque d'un adversaire en position. — Dans l'attaque d'un adversaire en position, les mitrailleuses seront d'abord tenues en réserve; elles constituent dans la main du chef une réserve très mobile qui pourra être utilisée pour renforcer des points menacés, agir sur les flancs de l'adversaire et préparer l'assaut.

L'offensive n'a de chances de succès que si l'on arrive à s'assurer la supériorité du feu.

La mobilité des mitrailleuses est suffisante pour leur permettre de suivre l'infanterie dans leur marche d'approche. Elles n'ont pas à prendre part aux bonds des tirailleurs ni à l'assaut.

Dirigées adroitement et avec prudence, elles pourront s'approcher suffisamment de l'ennemi pour jouer un rôle dans le feu qui précède le mouvement décisif.

Dans ce cas, la distance entre la batterie de tir et l'échelon n'est pas à considérer.

Les feux dirigés sur le point d'attaque ont une valeur toute particulière, s'ils partent d'un point dominant ou situé sur le flanc, parce qu'alors ils pourront se prolonger tandis que l'infanterie continue à avancer et se porte à l'assaut.

Si on peut occuper une telle position à bonne distance (à 800 mètres au plus), ce serait une faute que de continuer à avancer; le feu serait interrompu et, après l'occupation d'une nouvelle position, un nouveau réglage serait nécessaire.

Les mitrailleuses restent en place pendant l'assaut jusqu'à l'occupation de la position ennemie. Tant que les circonstances le leur permettent, elles continuent le feu.

Si, pendant l'assaut, l'ennemi tente une contre-attaque, les tirailleurs, soutenus par les mitrailleuses, reprennent le feu. Les renforts continuent à avancer.

Les mitrailleuses choisissent une position soigneusement défilée et telle que, autant que possible, elles puissent continuer le feu même pendant l'assaut. Leur présence sur la ligne des tirailleurs n'est pas nécessaire; une position de flanc ou dominante est particulièrement avantageuse.

Attaque d'une position organisée défensivement. — Dans l'attaque d'une position organisée défensivement, il est bon d'amener pendant la nuit les mitrailleuses en une position d'où, au point du jour, elles pourront renforcer de près le feu de l'infanterie. Elles concourront à faire terrer l'ennemi dans ses tranchées, permettant ainsi de détruire les obstacles et de donner l'assaut.

Si l'issue du combat est heureuse, les mitrailleuses prennent une part active à la poursuite. Aussitôt le succès obtenu, elles se portent rapidement sur la position conquise pour aider l'infanterie à s'y maintenir et enlever à l'ennemi ses dernières velléités de résistance. Il faut établir au plus tôt des tranchées-abris pour augmenter la capacité de résistance de la position, au cas où l'ennemi prononcerait un retour offensif.

Les mitrailleuses se portent rapidement sur la position conquise, afin d'être à même de s'opposer à un mouvement offensif et pour aider de leur feu la poursuite.

Dans l'attaque d'un bois, les mitrailleuses sont tenues en réserve jusqu'à ce qu'on puisse leur faire occuper des secteurs conquis, battre des clairières, des routes, etc. Si l'assaut échoue, les mitrailleuses recueillent les troupes en retraite.

Défensive.

Les mitrailleuses ne sont pas aptes à soutenir un combat de longue durée, et leur mobilité ne peut être utile si, dès le début, on leur assigne un secteur à défendre.

En général, on conservera les mitrailleuses en réserve et on les emploiera à renforcer la ligne de défense aux points menacés, à empêcher les mouvements enveloppants, à arrêter l'assaut ou à prononcer des contre-attaques.

Cependant, dès le début du combat, des mitrailleuses peuvent entrer en action, par exemple battre par leur feu des voies d'accès importantes.

Il sera possible aussi, s'il existe des couverts permettant la retraite, de porter des mitrailleuses en avant ou sur le flanc de la ligne de défense, de manière à pouvoir battre à l'improviste la position probable de l'artillerie ennemie.

Parfois, les mitrailleuses peuvent assurer le flanquement d'angles morts en avant de la ligne de combat.

Dans tous les cas où les mitrailleuses doivent être installées en des points désignés à l'avance, il faut créer des couverts. Si le temps ne suffit pas, il faut du moins créer des défilements, améliorer le champ de tir et apprécier les distances.

Dans la défense d'un bois, le défenseur peut porter

en avant de la lisière ses tirailleurs et ses mitrailleuses.

Poursuite.

Après un combat heureux, les mitrailleuses se consacrent à la poursuite sans aucun ménagement. Ce rôle leur convient éminemment, puisqu'elles joignent la puissance du feu à la vitesse. La poursuite dure tant que les forces le permettent. Les mitrailleuses cherchent à s'approcher à bonne portée de l'ennemi, pour l'empêcher de se rassembler ou de s'arrêter.

Les feux de flanc sont les plus efficaces. Il faut faire suivre des munitions en grande quantité.

Retraite.

Lorsqu'on rompt le combat ou que l'issue en est malheureuse, les mitrailleuses peuvent rendre de grands services en s'opposant à l'ennemi sans craindre les pertes et en le criblant de leurs feux.

En particulier, se recommandent pour arrêter l'ennemi, les positions situées en arrière de défilés et celles que l'on peut quitter à couvert.

Avant tout, il faut disposer de nombreuses munitions, faire une reconnaissance approfondie des chemins à utiliser pour la retraite et choisir judicieusement l'instant où l'on battra en retraite, surtout si le mouvement doit se faire par échelon.

Pour éviter les à-coups, l'échelon précédera la batterie de tir à distance suffisante.

Il y a lieu surtout de bien surveiller les flancs, qui sont plus dangereux pour la retraite que les autres directions.

Si l'on peut trouver des positions de flanc favorables, leur occupation facilitera notablement la retraite.

Dans la retraite, quelques batteries et des mitrailleuses placées sur le flanc peuvent faciliter beaucoup le retard de l'offensive ennemie.

Attaque dirigée contre des mitrailleuses.

Des mitrailleuses en batterie, présentant un but difficile à atteindre et périlleux pour l'infanterie, même à grande distance, elles doivent être tout d'abord prises à partie par l'artillerie. Pour que l'infanterie puisse combattre avec succès des mitrailleuses, il faut généralement un grand nombre de fusils et de cartouches, sauf aux petites distances.

Des fantassins à découvert, aux distances moyennes, peuvent éprouver de grosses pertes du fait des mitrailleuses.

Par suite, dans la lutte contre des mitrailleuses, il faut soigneusement utiliser le terrain et mettre à profit, par des bonds subits et irréguliers, les arrêts inévitables qui se produisent dans le feu des mitrailleuses.

Si ces bonds même deviennent impossibles, il faut gagner du terrain en rampant. A petite distance, le feu de quelques tireurs peut être décisif, s'il est flanquant ou à revers.

TABLE DES MATIÈRES

PARIS ET LIMOGES. — IMP. ET LIBR. MILIT. CHARLES-LAVAUZELLE.

Imprimerie Militaire
Henri CHARLES-LAVAUZELLE
PARIS et LIMOGES.

www.ingramcontent.com/pod-product-compliance
Lightning Source LLC
Chambersburg PA
CBHW070823210326
41520CB00011B/2086